BEI GRIN MACHT SICH IHR WISSEN BEZAHLT

- Wir veröffentlichen Ihre Hausarbeit, Bachelor- und Masterarbeit

- Ihr eigenes eBook und Buch - weltweit in allen wichtigen Shops

- Verdienen Sie an jedem Verkauf

Jetzt bei www.GRIN.com hochladen und kostenlos publizieren

Trinus Bußmann

Vereinfachung einer logischen Verknüpfung mit KV-Diagrammen anhand eines Kundenauftrags

Bibliografische Information der Deutschen Nationalbibliothek:

Die Deutsche Bibliothek verzeichnet diese Publikation in der Deutschen National-
bibliografie; detaillierte bibliografische Daten sind im Internet über http://dnb.d-
nb.de/ abrufbar.

Impressum:

Copyright © 2011 GRIN Verlag GmbH
Druck und Bindung: Books on Demand GmbH, Norderstedt Germany
ISBN: 978-3-640-85568-1

Dieses Buch bei GRIN:

http://www.grin.com/de/e-book/168252/vereinfachung-einer-logischen-verknue-
pfung-mit-kv-diagrammen-anhand-eines

GRIN - Your knowledge has value

Der GRIN Verlag publiziert seit 1998 wissenschaftliche Arbeiten von Studenten, Hochschullehrern und anderen Akademikern als eBook und gedrucktes Buch. Die Verlagswebsite www.grin.com ist die ideale Plattform zur Veröffentlichung von Hausarbeiten, Abschlussarbeiten, wissenschaftlichen Aufsätzen, Dissertationen und Fachbüchern.

Besuchen Sie uns im Internet:

http://www.grin.com/

http://www.facebook.com/grincom

http://www.twitter.com/grin_com

Unterrichtsentwurf

Unterrichtsbesuch (UB I) (Fachleiter/in)   ☐ Prüfungsunterricht I (PU I)

Unterrichtsbesuch (UB II)   ☒ Prüfungsunterricht II (PU II)

Wochentag/Datum/Uhrzeit:	Freitag	04.03.2011	08.30 – 09.15 Uhr

Studienreferendar/in:	Trinus Bußmann
Referendargruppe:	0411
Fachleiter/in (Fachrichtung):	
Fachleiter/in (Unterrichtsfach):	
PS-Vertreter/in:	
Vorsitzende/r (PUI/PUII):	
Fachlehrer/in:	
Schulleiter/in:	

Angaben zur Klasse

- Kurzbezeichnung:
- Ausbildungsberuf/Schulform:
  (BS-Teilzeit,BFS,BGJ,BS,BVJ,FGy,FOS)

- Schülerzahl:

- Schule/Ort/Standort: BBS II / Emden / Emden

- Raum: 105 - 107

Fachrichtung oder Unterrichtsfach: (Bezeichnung im Seminar)	Elektrotechnik
Unterrichtsfach / Lernfeld:	Elektrotechnik / LF 4: Untersuchen der Energie- und Informationsflüsse in elektrischen, pneumatischen und hydraulischen Baugruppen
Unterrichtsgebiet:	Automatisierungstechnik
Unterrichtsthema:	Vereinfachung einer logischen Verknüpfung mit KV-Diagrammen anhand eines Kundenauftrags

Inhaltsverzeichnis

1   Analyse des Bedingungsfeldes

1.1   Angaben zur Lerngruppe

Die x ist eine geteilte Klasse. Elf Schülerinnen und Schüler absolvieren eine einjährige Vollzeitschulform Berufsfachschule Mechatronik. Die Berufsfachstufe vermittelt eine theoretisch-fachliche und allgemeine Ausbildung. Zudem wird eine praktische Ausbildung von 160 Zeitstunden durchgeführt. Mit dem erworbenen Abschluss ist der Eintritt in die Fachstufe einer Berufsausbildung möglich. Der erweiterte Sekundarabschluss I kann mit einem bestimmten Gesamtnotendurchschnitt erworben werden.[1]

Neun Schüler absolvieren die Berufsschule Mechatronik in Teilzeitform. Sie sind zwei Tage die Woche in der Berufsschule und drei Tage im Betrieb.

An der heutigen Stunde nehmen die elf Schülerinnen und Schüler der Vollzeitschulform teil, da die anderen Schüler im Ausbildungsbetrieb sind. Aus diesem Grund nehme ich auch nur auf diese Schülerinnen und Schüler Bezug. Der heutige Teil der Klasse besteht aus sechs Schülerinnen und fünf Schülern[2]. Die Altersstruktur ist als heterogen zu bezeichnen. Dies spiegelt sich auch im Leistungsvermögen der S. (Schüler) wieder (vgl. Anlage VI).

S. wie z.B. x verfolgen den Unterricht aufmerksam und hinterfragen Themenabschnitte. Sie weisen eine Vielzahl von guten Wortbeiträgen auf und treiben die Gruppenarbeiten voran. Andere S. wie z.B. x beteiligen sich kaum eigeninitiativ am Unterricht.

Die geringe Klassenstärke ermöglicht eine gute Beobachtung und Betreuung der einzelnen S..

1.2   Kompetenzen der Lerngruppe

Die **Fachkompetenz** im Bereich der Erstellung einer logischen Verknüpfung aus einem Kundenauftrag ist den S. aus der vorherigen Unterrichtseinheit bekannt und wurde mit Interesse verfolgt und bearbeitet. Diese vorhandenen Kenntnisse bilden für die heutige Stunde die Grundlage. Die meisten S. beherrschen die Vorgehensweise dieser Arbeitsstruktur in Form von Erstellen einer Wertetabelle aus dem Kundenauftrag, umwandeln in eine disjunktive Normalform (s. 2.1.2) bis hin zum Anfertigen einer logischen Verknüpfung (FBD). Aufgrund der letzten Klassenarbeit ist dies jedoch noch optimierbar. Insbesondere x hatten in der letzten Klassenarbeit Probleme mit Aufgaben dieses Typs. Ina, Imke und Christian setzten dieses gut um.

Die neu eingeführte Vereinfachung mit den KV-Diagrammen (s. 2.1.2) bereitet den S. mangels fehlender Übung noch Probleme. Die Herstellung von logischen Verknüpfungen in Form von ICs und die dafür berechneten Kosten ist den S. noch unbekannt. Der Umgang mit LOGO!Soft Comfort zur Simulierung von logischen Verknüpfungen ist den S. aus den vorherigen Stunden bekannt und wird gut umgesetzt. Die S. können ein gegebenes Technologieschema nachvollziehen (s. Anlage VIII).

Methodenkompetenz: Die S. sind unterschiedliche Methoden gewohnt. Sowohl die Einzelarbeit als auch die Gruppenarbeit haben die S. anhand von Kundenaufträgen durchgeführt. Aus dieser Erfahrung hat sich gezeigt, dass die S. in Gruppenarbeitsphasen mehrheitlich in der Lage sind, Aufgaben strukturiert und zielorientiert zu bearbeiten. Sie können die wichtigsten Punkte herausarbeiten, diese visualisieren und präsentieren. Das Auftreten und Verhalten hat sich bei vielen S. schon verbessert,

---

[1] vgl. www.bbs2-emden.de, Stand 09.2010

[2] Im Folgenden wird zu Gunsten des Leseflusses auf die explizite Nennung der weiblichen Form verzichtet.

jedoch besteht hier noch Verbesserungsbedarf. Die S. haben wenig Erfahrung mit Rollenspiele (vgl. Anlage IV).

Sozialkompetenz: Es herrscht grundsätzlich eine angenehme Lern- und Arbeitsatmosphäre. Der Umgangston ist freundlich und offen. Im Unterricht ist zu beobachten, dass sich die S. gegenseitig akzeptieren und respektieren. Die fachlich stärkeren S. unterstützen ihre Mitschüler bei der Erledigung der Arbeitsaufträge. Allgemein ist bei der Gruppenarbeits- und Präsentationsphase bislang ein konzentriertes Verhalten der S. zu beobachten gewesen.

1.3   Der Referendar

Ich unterrichte in der Klasse x seit August 2010 mit zwei Wochenstunden. Das Verhältnis zur Klasse empfinde ich als freundlich und entspannt. Ich fühle mich von der Klasse akzeptiert, da ich nicht nur bei selbstständigen Arbeitsphasen als Lehrperson zur Klärung fachlicher Probleme, sondern auch über den Unterricht hinaus um Rat gefragt werde. Meine Kompetenzen zu diesem Unterrichtsgebiet habe ich durch meine Ausbildung, meines Ingenieurstudiums und meiner Tätigkeit als Ingenieur erworben. Vertieft wurden die Inhalte im letzten Schuljahr, durch eigenes Literaturstudium und praktischer Programmierung. Unterrichtet habe ich das Thema im letzten Schulhalbjahr und im Rahmen der Makrosequenz (s. Anlage IV).

1.4   Organisatorische Rahmenbedingungen

Die x wird in Raum W 16 unterrichtet. Der heutige Besuch findet aus Platzgründen in Raum 105-107 statt.

2   Didaktisch-methodische Konzeption

2.1 Didaktische Überlegungen

2.1.1 Analyse der curricularen Vorgaben

Für die Berufsfachschule -Mechatronik- ist der Rahmenlehrplan nach Beschluss der Kultusministerkonferenz vom 30.01.1998 maßgebend[3].

Im Rahmenlehrplan zum Lernfeld 4 „Untersuchen der Energie- und Informationsflüsse in elektrischen, pneumatischen und hydraulischen Baugruppen" ist dieser inhaltliche Schwerpunkt der Stunde explizit mit einem Lernziel ausgewiesen: „(...) beherrschen steuerungstechnische Grundschaltungen (...) Inhalte: (...) Grundschaltungen der Steuerungstechnik(...)"[4]. In dieser Unterrichtseinheit lernen die S. logische Verknüpfungen mit mehreren Eingangsvariablen anhand von KV-Diagrammen zu vereinfachen. Dieses ist ein Grundbaustein für den weiteren Verlauf der Makrosequenz (s. Anlage IV).

2.1.2 Analyse der Thematik

Das Lernfeld 4 der Mechatroniker befasst sich mit dem Thema Steuerungstechnik (s. 2.1.1). Die ursprüngliche Technik der fest programmierten Relaissteuerung und Schütztechnik (Verbindungsprogrammierte Steuerung, VPS) wird zunehmend abgelöst von der frei programmierbaren Steuerungstechnik (Speicherprogrammierbare Steuerung - SPS).

---

[3] Rahmenlehrplan für den berufsfeldbezogenen Lernbereich in der Berufsfachschule, Berufsfeld Mechatronik
[4] Rahmenlehrplan für den berufsfeldbezogenen Lernbereich in der Berufsfachschule, Berufsfeld Mechatronik, Beschluss der Kultusministerkonferenz (1998), S. 9.

Ein wesentlicher Vorteil ist die einfache Erstellung eines Programms für einen geforderten Ablauf einer zu steuernden Maschine oder Anlage und die Übertragung in den Programmspeicher der Steuerung. Zudem ist eine schnelle Umstrukturierung im Programm ohne aufwendige Umverdrahtung vorteilhaft (vgl. Kätzig, 1992, S. 36f). Tapken spricht von einer Handhabung, die flexibel geworden ist (vgl. Tapken, 2008, S. 7).

Speicherprogrammierte Steuerungen, welche seit den sechziger Jahren immer mehr Einzug in die Lösung von Steuerungsaufgaben erhalten haben, lassen sich u. a. in die Kategorien „Kleinsteuerung" (z.B. LOGO! von Siemens) und „Speicherprogrammierbare Steuerung" (SPS) aufteilen (vgl. Tapken, 2008, S. 7f). Die Speicherprogrammierten Steuerungen funktionieren nach dem EVA - Prinzip (*Eingabe – Verarbeitung – Ausgabe*) (vgl. Graue, 2009, S. 7). Die Steuerung holt sich die Informationen mit Hilfe von Sensoren (Taster, Endschalter oder auch Lichtschranken). Dieses braucht die Steuerung, um den Prozess steuern zu können (*Eingabe*). Diese Informationen werden über **logische Verknüpfungen** (Schaltungen) von der Steuerung verarbeitet (*Verarbeitung*). Sie leitet Maßnahmen ab, die den Prozess in der gewünschten Weise beeinflussen. Dieses geschieht mit Hilfe von Aktoren (Lampen, Motoren, Schütze) (*Ausgabe*). Die Sensoren sind an die Eingänge und die Aktoren an die Ausgänge der Speicherprogrammierten Steuerung angeschlossen.

Logische Verknüpfungen (s. Anlage XIII) bestehen aus einer großen Anzahl häufig wiederkehrender Grundelemente, die miteinander verschaltet sind. Sie realisieren Funktionen und werden als FBD/LAD (LOGO!) oder FUP/KOP/AWL (S7/S5) dargestellt. Diese Gatter (Verknüpfungen) sind die elementaren Bausteine der Digitaltechnik. Sie verknüpfen die binären Schaltvariablen nach den Gesetzen der Schaltalgebra miteinander und werden deshalb nach DIN (Deutsches Institut für Normung) auch Verknüpfungsglieder genannt (vgl. Beuth, 1992, S. 23). Zwischen den binären Ein- und Ausgangsvariablen der Gatter bzw. der gesamten logischen Schaltung besteht eine Abhängigkeit, die mit logischen Begriffen wie UND, ODER, NICHT beschrieben werden kann. Binäre Signale haben zwei mögliche Zustände „0" und „1" (vgl. Tkotz, 2009, S. 221).

Die Realisierung einer logischen Schaltung wird aus einer Wertetabelle (Funktionstabelle) mit Hilfe einer disjunktiven Normalform (DNF) gebildet. Die DNF ermöglicht die systematische Erstellung einer logischen Schaltung aus einer beliebigen Wertetabelle. Damit ist jedoch nicht sicher gestellt, dass die entwickelte Schaltung diejenige ist, welche die geringste Anzahl an Bauteilen besitzt. Da dies, meist aus ökonomischen Gründen, gewünscht wird, gibt es unterschiedliche Techniken zur Optimierung der logischen Schaltung. Dazu gehören die Anwendungen der *Schaltalgebra* und der *de morganschen Gesetze* (vgl. Elpers, 1993, S. 407ff). Ebenso bilden die Karnaugh-Veitch-Diagramme (KV-Diagramme) eine Möglichkeit der Minimierung der entwickelten Logik (vgl. Elpers, 1993, S. 411ff). Die KV-Diagramme entwickeln eine grafische Darstellung der DNF und lässt diese somit in einen logischen Ausdruck umwandeln. Wichtige Voraussetzung ist, dass die Funktionstabelle aufgestellt wird. Aus der Funktionstabelle heraus werden die „1" und „0" in das KV-Diagramm eingetragen. Beispiel (s. folgende Seite) „rote Zeile": *Wenn I1=0 und I2=1, dann ist Q1=1* → *siehe gestrichelte Schnittmenge!*

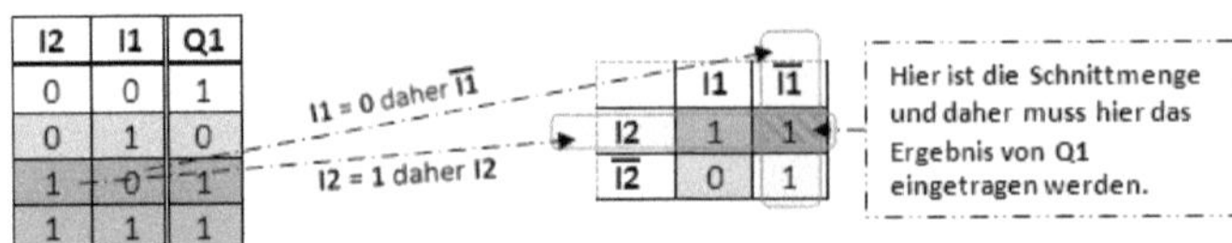

Abb.: Funktionstabelle   **Abb.: KV-Diagramm**

Wenn alle „1er" und „0er" eingetragen sind, können **waagerecht** oder **senkrecht** nebeneinander liegende „1er" zu 2er, 4er-Blöcke (usw.) zusammengefasst werden. Hier sind zwei 2er Blöcke möglich (Q2-waagerecht, Q3-senkrecht). Es muss immer versucht werden alle „1er" zusammenzufassen.

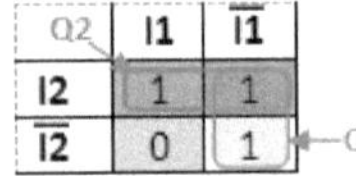

Abb.: KV-Diagramm mit möglichen Blöcken

Als letzter Schritt wird nun die neue Funktionsgleichung aufgestellt.

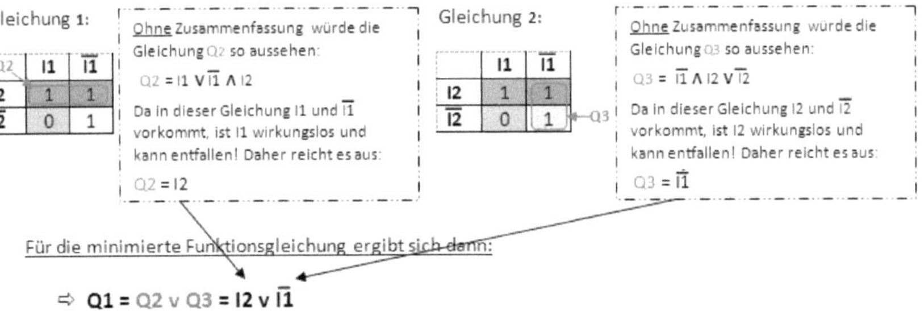

Diese Vereinfachung gilt auch mit einer größeren Anzahl von Eingängen. Dadurch vergrößert sich das KV-Diagramm (s. Anlage XIII). Das Diagramm enthält ebenso viele Felder wie eine Funktionstabelle Zeilen hat. Diese Zeilen werden bestimmten Feldern zugeordnet. Die Felder sind so angeordnet, dass sich benachbarte Felder in nur einer Variablen unterscheiden (vgl. Bartenschlager, 2008, S. 395).

2.1.3   Auswahl- und Reduktionsentscheidungen

Die Verbindungsprogrammierte Steuerung (VPS) erfolgt in anderen Makrosequenzen dieses Lernfeldes und wird in dieser Makrosequenz nicht näher thematisiert (s. Anlage IV).

Die SPS-Steuerung wird in den höheren Lernfeldern im Rahmen der weiteren Berufsausbildung der S. im zweiten bis vierten Ausbildungslehrjahr vermittelt.

Das Lernfeld 4 stellt den Einstieg in die Steuerungstechnik dar. Somit müssen den S. die Grundlagen dieses Bereiches der Elektrotechnik vermittelt werden. Das sind vorrangig die Grundelemente der Logik und der sichere Umgang mit ihnen. Dies ist das übergeordnete Ziel dieser Unterrichtseinheit. Dabei verzichte ich auf die *Schaltalgebra* und die *de morgansche Gesetze* (vgl. 2.1.2), da ich die S. damit überfordern würde. Vielmehr lege ich den Fokus auf die Aufstellung und Vereinfachung einer logischen Schaltung zu einem steuerungstechnischen Problem. Die logischen Grundelemente stellen dazu die Basis dar.

Die S. werden über Problemstellungen aus dem täglichen Berufsleben eines Kundenauftrages an die Funktionsweisen und vor allem an die Einsatzmöglichkeiten mit Hilfe der LOGO!Soft Comfort herangeführt. Diese Simulation ist den S. vertraut (s. 1.2). Damit wird den S. über die Anwendung der

Computertechnik ein einfacher Zugang zu der Programmierung der Steuerung ermöglicht. Der mittlerweile tägliche Umgang mit dem PC stellt für die S. kein Problem dar und ist sehr motivierend. Mit der Software kann der Betrieb simuliert und die Funktion des Programms getestet werden. Somit reduzieren sich Fehlermöglichkeiten und die Hardware wird geschont. Aus Zeitgründen verzichte ich auf das Hardwaremodel LOGO!.

In der zurückliegenden Klassenarbeit zeigten gewisse S. Defizite im Bereich der Aufstellung der DNF (s. 1.2). Aus diesem Grunde werde ich die Umwandlung vom Kundenauftrag auf die Wertetabelle vorgeben, damit die S. sich auf die DNF konzentrieren und dieses als zusätzliche Übung nutzen können. Das KV-Diagramm stellt ein grundsätzliches Element der Digitaltechnik da (s. 2.1.2).

Durch den Vergleich der DNF mit der vereinfachten logischen Verknüpfung fördert dies unter anderem die Einsicht der S. über den Sinn der Vereinfachung. Hier werden unter anderem die Vorteile der Minimierung aufgezeigt (s. 2.1.2). Ergänzend dazu verbessert diese Übung den Umgang der S. mit den logischen Grundverknüpfungen. Die Strukturvorgabe des KV-Diagramms mit 4 Eingängen und dem dazugehörigen Informationsblatts sollen die S. bei der Bearbeitung unterstützen, da sie wenig Erfahrung mit der Vereinfachung besitzen (s. 1.2).

Ich habe mich bewusst für die Gruppenarbeit entschieden, da die leistungsschwächeren S. von den Gruppenmitgliedern unterstützt werden sollen. Wichtig ist mir dabei, dass die S. in der Gruppe die Arbeitsstruktur selbst organisieren. Das Präsentieren der Schülerergebnisse in Form von einem Rollenspiel, soll die Bindung zum Kundenauftrag stärken und wird durch Leitsätze vorgeben, da die S. wenig Erfahrung mitbringen (s. 1.2).

Die Kostenrechnung der ICs dient der Binnendifferenzierung und wird nur bei fertigem Arbeitsauftrag bearbeitet. Die komplexe Tätigkeit reduziere ich durch ein Informationsblatt, wo die S. das wesentliche komprimiert wieder finden und dadurch umsetzen können (s. Anlage XIII).

2.2 Methodische Konzeption

2.2.1 Makrostruktur

(s. Anlage IV)

2.2.2 Mikrostruktur

Zu Beginn der Stunde schaffe ich Transparenz, indem ich den S. das heutige Stundenthema „Vereinfachung einer logischen Verknüpfung mit KV-Diagrammen" anhand eines Kundenauftrags vorstelle. Zudem wird der Stundenverlauf auf einem Flipchartbogen gezeigt, um die S. für die heutige Stunde zu sensibilisieren. Die Klasse wird von mir in drei heterogene Leistungsgruppen eingeteilt (s. Anlage VII). Hier wäre auch eine Partnerarbeit angebracht gewesen, doch aus Zeitgründen ist eine Gruppenarbeit mit einer Gruppengröße von 3 – 4 S. effektiver.

Nach der Gruppeneinteilung, wird der Kundenauftrag auf einen OHP (Overheadprojektor) aufgelegt. Damit ist die ganze Aufmerksamkeit der Klasse bei dem Kundenauftrag. Ich hätte auch die Aufträge austeilen können, doch dann schweifen viele S. ab. Der schriftliche Arbeitsauftrag wird von x vorgelesen, damit sie motiviert ist und eine positive Einstellung zum Kundenauftrag entwickelt. Danach gibt x mit eigenen Worten wieder, was als Arbeitsauftrag zu bearbeiten ist (s. 1.1). Durch gezieltes Ansprechen der beiden S. wird noch einmal das Interesse zur Aufgabe geweckt. Alle S. kennen bereits dieses Verfahren, da ich es bei jeder Stunde, je nach Situation, einstreue.

Bevor die S. mit dem Arbeitsauftrag beginnen, werden die Arbeitsschritte zum Bearbeiten des Kundenauftrages von den S. festgelegt. Ich möchte die S. kognitiv dazu bringen, gewisse Schritte am Anfang zu bearbeiten. Die S. sollen durch Fragen/Impulse meinerseits aufgefordert werden Entscheidungen zu treffen. Diese werden vom S. (x) (s. 1.1) am Flipchart festgehalten. Dadurch können die S. sich noch einmal über die Reihenfolge der Arbeitsschritte vergewissern. Anschließend werden das Aufgabenblatt I, der Kundenauftrag und die Rollenspielinformationen ausgeteilt. Die Arbeitsplätze sind für die Besprechungsphasen an den Tischreihen vorgesehen und die Erarbeitungsphasen finden an den Gruppentischen statt (s. Anlage VII).

Die S. bearbeiten das Aufgabenblatt I (s. Anlage IX). Nach einer Arbeitszeit von 30 min werden die Schülerergebnisse über ein Rollenspiel präsentiert. *Vor dem Rollenspiel beginnt der Prüfungsunterricht.* Hier wäre sicherlich auch eine Präsentation angemessen, doch durch das Hineinversetzen in eine andere Rolle soll der Bezug zum Auftrag gestärkt werden und die S. verbessern ihre Kommunikationsfähigkeit. Zwei S. begeben sich in die Rolle des Meisters/Gesellen (optisch per Jacke und verbal durch den Lehrer) und präsentieren die Gruppenergebnisse über die Simulation und über das Flipchart. Die anderen S. notieren sich Abweichungen (fachlich/Rollen) vom gezeigten und dienen als Kontrollgruppen.

Nach dem Rollenspiel wird eine kurze Reflexion im Bezug auf die gezeigten Rollen durchgeführt und der Meister/Geselle wird wieder zum S.. Die Kontrollgruppen werden nach anderen Lösungen gefragt und bei Abweichungen wird dieses besprochen und ggf. korrigiert.

Über Impulse werde ich die nächsten Arbeitsschritte von den S. anfordern und diese durch einen S. notieren lassen (s. Anlage XIV). Danach werden das Aufgabenblatt II und die neuen Rollen ausgeteilt. Die S. bearbeiten das Aufgabenblatt II (s. Anlage X). Die Kostenrechnung dient hier nur der Binnendifferenzierung. Aus diesem Grund erhalten die S. das Informationsblatt erst nachdem sie fertig sind, um dadurch nicht von diesen abgelenkt zu werden. Nach einer Arbeitszeit von 20 min werden die Schülerergebnisse über ein zweites Rollenspiel dargestellt. Hier werden zwei andere S. zur Meister-/Gesellenrolle ausgewählt. Hier hätten wiederrum die ersten beiden S. die Rollen spielen können, doch mir ist wichtig, dass möglichst viele S. ihre erarbeiteten Ergebnisse präsentieren können. Auch hier sind die anderen S. die Kontrollgruppen und notieren sich ggf. Abweichungen der Schülerergebnisse.

Die Gruppe hängt das Flipchart mit der Gruppenlösung neben die Lösung vom ersten Arbeitsauftrag, um den Vergleich der Vereinfachung deutlich zu machen. Nach dem Rollenspiel wird wiederum eine Reflexion zu den Rollen durchgeführt und nach Lösungsabweichungen vom Plenum gefragt, welche bei Bedarf besprochen und korrigiert werden.

Die Ergebnisse werden von S. übernommen. Über Fragen/Impulse wird ein Rückbezug zum Kundenauftrag hergestellt und die Vorteile vom KV-Diagramm herausgestellt. Diese könnten sicherlich notiert werden, doch mir ist wichtig, dass diese von den S. erkannt werden. Zudem sollen die S. ihre Problemarbeitsschritte nennen, welches die Grundlage für die nächste Stunde ist. Über einen weiteren Impuls von mir erhoffe ich, dass die S. ihre Arbeitsweise für die berufliche Zukunft einordnen können.

3   Lern- und Handlungsziele/Kompetenzen

Übergeordnetes Stundenlernziel: Die S. sollen über einen Kundenauftrag am Beispiel einer Farbmischanlage die logische Verknüpfung erstellen, diese über KV-Diagramme vereinfachen, mit der LOGO!Soft Comfort testen und mit einem Rollenspiel präsentieren.

Stundenlernziel: Die S. sollen...

(FK 1) ... ihre Planungsaktivitäten stärken, indem sie den Kundenauftrag analysieren und die Arbeitsschritte festlegen.

(FK 2) ... ihre Programmierkenntnisse optimieren, indem sie die logische Schaltung aus einer Wertetabelle und einer disjunktiven Normalform entwerfen und diese durch die Simulation LOGO!Soft Comfort testen.

(FK 3) ... die Funktionsweise eines digitale Schaltung erklären können, indem sie die logische Schaltung im Rollenspiel über die Wertetabelle/Kundenauftrag wiedergeben.

(FK 4) ... das KV-Diagramm mit mehreren Eingangsvariablen anwenden können, indem sie die gegebenen Wertetabelle umsetzen.

(FK 5) ... den Vorteil des KV-Diagramms erfassen, indem sie die logische Schaltung vor und nach dem Vereinfachen analysieren, vergleichen und auswerten.

(FK 6) ... die Vorteile der Vereinfachung von logischen Verknüpfungen erkennen, indem sie die unterschiedlichen Kosten der notwendigen Bauteile berechnen.

(MK1) ... eigenverantwortlich mit der Gruppe arbeiten, indem sie eine Problemlösung entwickeln.

(MK2) ... ihre Kommunikationsfähigkeit verbessern, indem sie die erarbeiteten Ergebnisse über ein Rollenspiel einstudieren und in Verbindung mit einem Leitfaden präsentieren.

(SK 1) ... ihr Sozialverhalten optimieren, indem sie während der Arbeitsphasen konzentriert arbeiten.

(SK 2) ... ihre Kommunikationskompetenzen verfeinern, indem sie ihre Kenntnisse mit einem Partner bzw. im Plenum austauschen und anderen aktiv zuhören.

4 Lernerfolgskontrolle

Die Lernziele (FK 1, FK 2, FK 3, FK 4, FK 5, FK 6, MK 2, SK 1, SK 2) lassen sich in den Präsentationsphasen zum einen anhand der Erläuterungen der S. und zum anderen durch gezielte Fragen (FK 1, FK 5) meinerseits kontrollieren. Eine weitere Kontrollmöglichkeit ist die Beobachtung der S. während der Arbeitsphasen (FK 2, FK 6, MK 1, SK1). Darüber hinaus wird eine Klassenarbeit bzw. ein Kundenauftrag für die gesamte Makrosequenz geplant, so dass mit den erreichten Noten ebenfalls Rückschlüsse auf den Lernerfolg möglich sind (s. Anlage IV).

5   Anlagen

Anlage I: **Quellenangabe**

<u>Fachbücher:</u>

- **Bartenschlager, J., Hebel, H., Klatt, Th., Lämmlin, G., Scheib, A.** (2008): *Fachkunde Mechatronik.* Haan Gruiten: Verlag Europa Lehrmittel
- **Beuth, K.** (1992): *Digitaltechnik.* Würzburg: Vogel Buchverlag
- **Elpers, J., Meyer, N., Skornitzke, W., Willner, W.** (1993): *Elektrotechnik Energietechnik.* Stuttgart: Klett Verlag
- **Graue, U., Thielert, M., Wenzl, L.** (2009): *LOGO! Praxistraining.* Braunschweig: Verlag Westermann
- **Kätzig, J.** (1992): *Speicherprogrammierbare Steuerungen verstehen und anwenden.* München: Hanser Verlag
- **Tapken, H.** (2008): *LOGO!.* Haan Gruiten: Verlag Europa Lehrmittel
- **Tkotz, K.** (2009): *Fachkunde Elektrotechnik.* Haan-Gruiten: Verlag Europa
- **Richter, C.; Meyer, R.** (2004): *Lernsituationen gestalten -Berufsfeld Elektrotechnik.* Troisdorf: Bildungsverlag EINS
- **Tkotz, K., Bastian, P., Bumiller, M., Burgmaier, M., Eichler, W., Käppel, T., Klee, W., Kober, K., Manderla, J., Schwarz, J., Spielvogel, O., Winter, U., Ziegler, K.** (2008): *Fachkunde Elektrotechnik.* Haan Gruiten: Verlag Europa Lehrmittel
- **Rahmenlehrplan für den Ausbildungsberuf Mechatroniker / Mechatronikerin** (1998)

<u>Seminarunterlagen:</u>

- UE (2007), *Unterrichtsentwurf UBII*, Studienseminar Oldenburg. [Online PDF]. Verfügbar unter: https://bbs-bscw.nibis.de/bscw (Stand 01.02.2011)

<u>Internet:</u>

- URL:http://www.bbs2-emden.de (Stand 01.02.2010)

Anlage II: **Erklärung**

Ich versichere, dass ich den Unterricht selbstständig vorbereitet und bei der Anfertigung des Entwurfs keine anderen als die angegebenen Hilfsmittel benutzt habe. Die Stellen des Entwurfs, die im Wortlaut oder im wesentlichen Inhalt anderen Quellen entnommen worden sind, habe ich mit genauer Quellenangabe kenntlich gemacht.

Aurich, 01.03.2011

_______________________________   _______________________________

Ort, Datum   Unterschrift

Anlage III: Geplanter Unterrichtsverlauf

Unterrichtsphase / -schritte	Lern-ziele	Sozial- und Aktions-formen	Medien
Einstieg / Informieren I • L. begrüßt die S. und stellt den Stundenverlauf vor (Struktur und Transparenz für die heutige Stunde) • L. teilt die Gruppen heterogen ein • L. legt Kundenauftrag auf • S. liest den Kundenauftrag vor • L. bittet S. den Arbeitsauftrag mit eigenen Worten wiederzugeben	FK1	S.-L. Gespräch	• Flipchart • OHP • Stundenverlauf (Anlage V) • Gruppeneinteilung (Anlage VI) • Kundenauftrag (Anlage VIII)
Planen I (Problematisierung I) • L. fordert die S. auf, erste notwendige Arbeitsschritte zu nennen, die für die Erledigung des Arbeitsauftrags nötig sind • S. planen ihre Vorgehensweise und nennen die wichtigsten Arbeitsschritte. Diese werden von einem S. am Flipchart festgehalten • L. verteilt den Kundenauftrag, das Aufgabenblatt I und die Rollenspielinformationen I an die S.	FK1, MK1, SK2	S.-L. Gespräch, ST	• Flipchart • Stundenverlauf (Anlage V) • Arbeitsschritte (Anlage XIV) • Kundenauftrag (Anlage VIII) • Aufgabenblatt I (Anlage IX) • Rollenspielinfo I (Anlage XV)
Entscheiden I / Ausführen I • S. bearbeiten das Aufgabenblatt I des Kundenauftrags • L. gibt, falls nötig, minimale Hilfestellungen • Ergebnisse werden mit der LOGO!Soft Comfort, dem Arbeitsblatt, sowie auch auf einem Flipchart festgehalten.	FK2, FK3, MK1, MK2, SK1, SK2	GA, ST	• Flipchart • Kundenauftrag (Anlage VIII) • Aufgabenblatt I (Anlage IX) • Vorrausichtliche Schülerlösung (Anlage XIII) • LOGO!Soft Comfort • Laptop
Beginn des Prüfungsunterrichts um 8.30 Uhr			
S. fast für den Besuch chronologisch die ersten 45 min zusammen **Präsentationsphase I (Kontrollieren / Auswerten)** • L. organisiert den Ablauf • S. präsentieren ihre Ergebnisse mit einem Rollenspiel • L. stellt bei Bedarf Kontrollfragen zu den Details des Programms. Dabei werden die Fragen bevorzugt an die Leistungsschwächeren gerichtet	FK3, MK2, SK2	LT, RS	• Flipchart • Kundenauftrag (Anlage VIII) • Aufgabenblatt I (Anlage IX) • Vorrausichtliche Schülerlösung (Anlage XIII) Flipchartbogen • LOGO!Soft Comfort • Laptop • Beamer

Kontrollieren I / Ergebnissicherung I			
S. ergänzen bei Bedarf die präsentierten Ergebnisse am Flipchart		ST	• Vorrausichtliche Schülerlösung (Anlage XIII) Flipchartbogen
Planen II (Problematisierung II)			
• S. planen nächstfolgenden Arbeitsschritte durch Impulse (L.) • S. notieren diese auf dem Flipchartbogen • L. verteilt den das Aufgabenblatt II und die Rollenspielinformationen II an die S.	FK1, MK1, SK2	S.-L. Gespräch, ST	• Flipchart • Stundenverlauf (Anlage V) • Arbeitsschritte (Anlage XIV) • Kundenauftrag (Anlage VIII) • Aufgabenblatt II (Anlage X) • Rollenspielinfo II (Anlage XV)
Ausführen II			
• S. bearbeiten das Aufgabenblatt II des Kundenauftrags • L. gibt, falls nötig, minimale Hilfestellungen • Ergebnisse werden mit der LOGO!Soft Comfort, dem Arbeitsblatt, sowie auch auf einem Flipchart festgehalten.	FK4, MK1, MK2, SK1, SK2	ST, GA	• Flipchart • Stundenverlauf (Anlage V) • Arbeitsschritte (Anlage XIV) • Kundenauftrag (Anlage VIII) • Aufgabenblatt II (Anlage X) • Rollenspielinfo II • (Anlage XV)
Didaktische Reserve			
• S. bearbeiten die Ersparnisse durch das KV-Diagramm	FK6, MK1, SK2	ST, GA	• Kundenauftrag (Anlage VIII) • Aufgabenblatt II (Anlage X)
Kontrollieren II / Ergebnissicherung II			
• L. organisiert den Ablauf • S. präsentieren ihre Ergebnisse mit einem Rollenspiel • L. stellt bei Bedarf Kontrollfragen zu den Details des Programms. Dabei werden die Fragen bevorzugt an die Leistungsschwächeren gerichtet • L. regt Reflexion über die Unterrichtsstunde an • L. gibt Ausblick auf die nächste Stunde • S. stellen durch Impulse vom L. Bezug zur Vorgehensweise der Stunde her und ordnen diese zukunftsorientiert ein	FK3, FK5, MK2, SK2	LT, S.-L. Gespräch, ST	• Vorrausichtliche Schülerlösung (Anlage XIII) • Flipchartbogen

Legende: Sozialformen: GA = Gruppenarbeit

Aktionsformen: S.-L. Gespräch = Schüler-Lehrer Gespräch, RS = Rollenspiel, ST = Schülertätigkeit, LT = Lehrertätigkeit

Medien: AB = Aufgabenblatt, OHP = Overheadprojektor

S. = Schüler/innen, L.= Lehrer

FBD = Funktions-Block-Diagramm

Rollenspielinfo. = Rollenspielinformationen

Anlage IV: Makrostruktur

Lerngebiet / Lernfeld: LF 4 Untersuchen der Energie- und Informationsflüsse in elektrischen, pneumatischen und hydraulischen Baugruppen			
Thema der Makrosequenz / Lernsituation: beherrschen steuerungstechnischer Grundschaltungen			
Ausgangsfall / komplexe Ausgangssituation: Vereinfachung einer logischen Verknüpfung mit KV-Diagrammen anhand eines Kundenauftrages			
Datum / Stunde	17.02.2011 / 1. - 2.	24.02.2011 / 3. - 4.	04.03.2011 / 5. - 6.
Thema	Vereinfachung einer logischen Schaltung anhand von einer Stanze	Vereinfachung einer Hauslampensteuerung mit KV-Diagrammen	Vereinfachung einer logischen Verknüpfung mit KV-Diagrammen anhand eines Kundenauftrags (Farbmischanlage)
Phase der Lernhandlung	I,P,E,A,K,B	I,P,E,A,K,B	I,P,E,A,K,B
Unterrichtsinhalte	Realisieren einer • Disjunktive Normalform • Simulation mit der LOGO!Soft Comfort • Vereinfachung mit KV-Diagramm anhand von einem praktischen Bsp. (Stanze)	Realisieren einer • Wertetabelle • Disjunktive Normalform • FBD • Simulation • Vereinfachung KV-Diagramm • Rollenspiel mit Ergebnissicherung	Realisieren einer • Disjunktive Normalform • FBD • Simulation • Rollenspiel mit Ergebnissicherung • Vereinfachung KV-Diagramm • Funktionsgleichung • FBD • Rollenspiel mit Ergebnissicherung anhand von einem praktischen Kundenauftrag
Methodische Hinweise und Sozialformen	SPrä, PA, EA	Rollenspiel GA	Rollenspiel GA
Medien	Stundenverlaufsplan (SVP), Flipchart, Beamer, Laptop	Stundenverlaufsplan (SVP), Flipchart, Beamer, Laptop, Overheadprojektor (OHP)	Stundenverlaufsplan (SVP), Flipchart, Beamer, Laptop, Overheadprojektor (OHP)

Abkürzungen: Phasen des Lernhandelns: I= Information, P= Planung, E= Entscheidung, A= Ausführen, K= Kontrolle, B= Bewerten

Sozialformen: Plenum, GA = Gruppenarbeit, PA = Partnerarbeit, EA = Einzelarbeit

Aktionsformen: SPrä = Schülerpräsentation

Medien: SVP= Stundenverlaufsplan

Lerngebiet / Lernfeld: LF 4 Untersuchen der Energie- und Informationsflüsse in elektrischen, pneumatischen und hydraulischen Baugruppen		
Thema der Makrosequenz / Lernsituation: beherrschen steuerungstechnischer Grundschaltungen		
Ausgangsfall / komplexe Ausgangssituation: Vereinfachung einer logischen Verknüpfung mit KV-Diagrammen anhand eines Kundenauftrages		
Datum / Stunde	10.03.2011 / 7. - 8.	17.03.2011 / 9. - 10.	24.03.2011 / 11. - 12.
Thema	Erweiterung einer Torsteuerung mit Zeitfunktionen	Erweiterung einer Markisensteuerung unter Einbindung von Sonderfunktionen	Abschlusstest der Unterrichtseinheit mit einer Torsteuerung unter Einbindung von Sonderfunktionen
Phase der Lernhandlung	I,P,E,A,K,B	I,P,E,A,K,B	I,P,E,A,K,B
Unterrichtsinhalte	Realisieren einer • Funktionsgleichung • FBD • Simulation • Präsentation • Erweiterung mit Zeitfunktionen • FBD • Simulation • Präsentation mit Ergebnissicherung	Realisieren einer • Vereinfachung KV-Diagramm • Funktionsgleichung • FBD • Sonderfunktionen • Rollenspiel mit Ergebnissicherung	Kundenauftrag als Abschlusstest
Methodische Hinweise und Sozialformen	SPrä, PA, EA	Rollenspiel PA, EA	Einzelarbeit
Medien	Stundenverlaufsplan (SVP), Flipchart, Beamer, Laptop	Stundenverlaufsplan (SVP), Flipchart, Beamer, Laptop	Stundenverlaufsplan (SVP), Flipchart, Beamer, Laptop

Abkürzungen:	Phasen des Lernhandelns: I= Information, P= Planung, E= Entscheidung, A= Ausführen, K= Kontrolle, B= Bewerten
	Sozialformen: Plenum, GA = Gruppenarbeit, PA = Partnerarbeit, EA = Einzelarbeit
	Aktionsformen: SPrä = Schülerpräsentation
	Medien: SVP= Stundenverlaufsplan

Anlage V: Stundenverlauf (Stellwand)

> **Stundenverlauf:**
> Thema: Vereinfachung einer logischen Verknüpfung mit KV-
> Diagrammen anhand eines Kundenauftrags (Farbmischanlage)
>
> - Begrüßung / Stundenverlauf
>
> - Information – Kundenauftrag
>
> - Erarbeitungsphase I: Bearbeitung des Kundenauftrags
>
> - Präsentation des Kundenauftrags (Rollenspiel)
>
> - Erarbeitungsphase II: Vereinfachung des Programms
>
> - Präsentation des Kundenauftrags (Rollenspiel)
>
> - Ergebnissicherung

Anlage VI: Klassendaten

Schüler		Leistungsstand	Schulabschluss	Alter	Gruppe

Bewertung der mündlichen Leistung:	(+)	-	sehr gut bis gut
	(0)	-	gut bis befriedigend
	(−)	-	befriedigend bis ausreichend
Bewertung der mündlichen Leistung:	(+)	-	sehr gut bis gut
	(0)	-	gut bis befriedigend
	(−)	-	befriedigend bis ausreichend

Schulabschlüsse:	AH	-	Abitur (allgemeine Hochschulreife)
	EI	-	erweiterter Realschulabschluss (Sek II)
	SI	-	normaler Realschlussabschluss (Sek I)

Anlage VII: Sitzplan

Sitzplan Raum 105 - 107

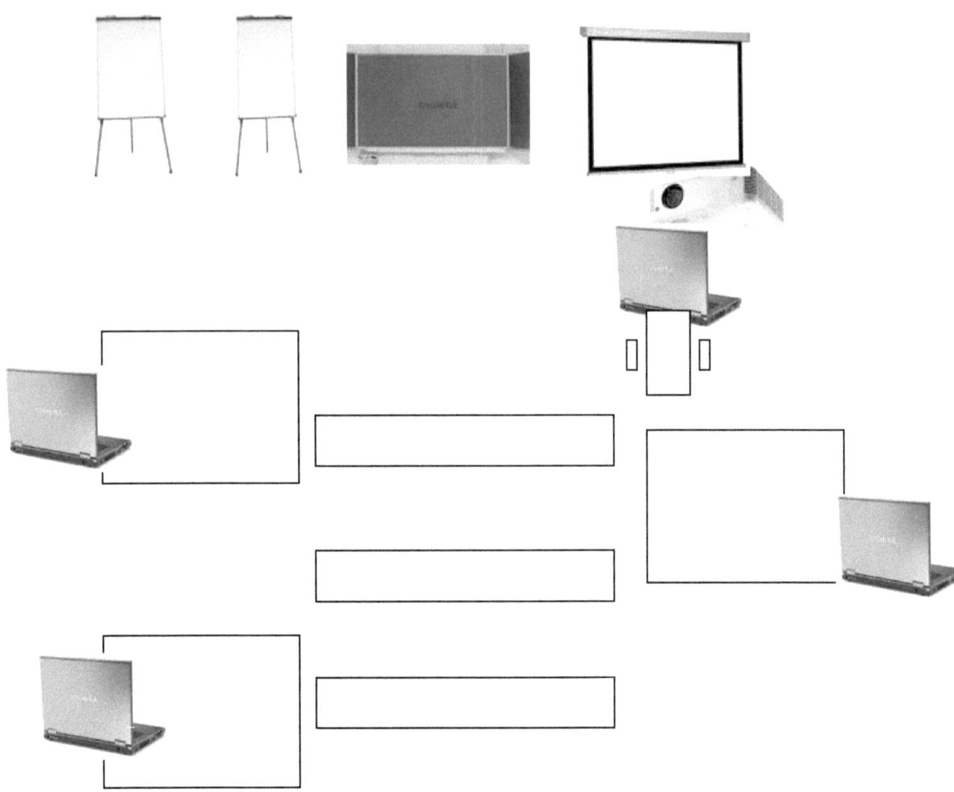

Besuch

Anlage VIII: Kundenauftrag

Johan Logik   Logikhausen, den 01.03.2011
Logikstr. 7
12345 Logikhausen

Rolf Janßen
Normenweg 5
23456 Digihausen

Sehr geehrter Herr Janßen,

in der Lackiererei wird eine neue Produktionsanlage zum automatisierten Mischen von Farben errichtet. Diese soll über das Steuergerät LOGO! von ihrer Firma automatisiert werden.

Hier sind die Informationen, die wir telefonisch besprochen haben:
Um die Anlage starten zu können, muss zuerst der Schlüsselschalter (S1) betätigt werden.
Sobald mindestens einer der drei Farben über den jeweiligen Schalter in den Topf gelangt, wird der Rührvorgang gestartet. (S2 = rot, S3 = blau, S4 = gelb)
Ein Rührmotor sorgt für eine gleichmäßige Verteilung. Über ein Auslassventil wird die fertig gemischte Farbe automatisch aus dem Behälter abgelassen.

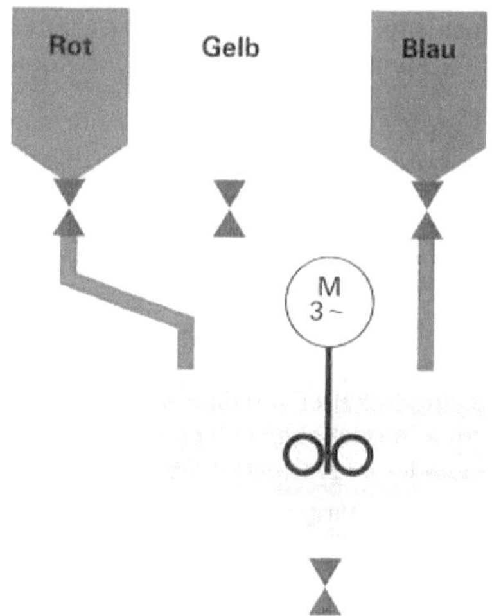

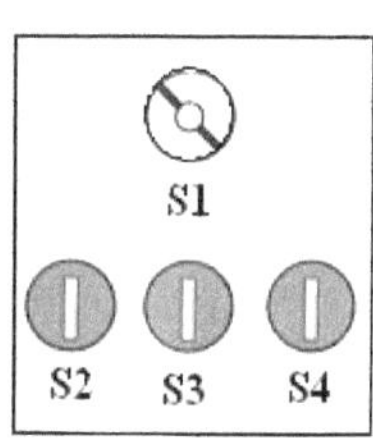

Mit freundlichen Grüßen

Johann Logik

Intern   Digihausen, den 04.03.2011
Abteilung Automatisierung

Sehr geehrte Mitarbeiter der Abteilung Automatisierung,

ein Auftraggeber möchte seine Farbmischanlage (s. Foto) mit der LOGO! automatisiert
haben. Den Auftrag habe ich beigeheftet. Die Wertetabelle wurde schon von mir bearbeitet.

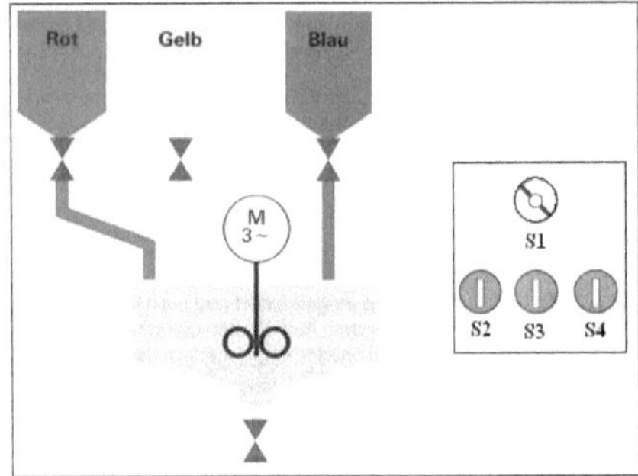

S4	S3	S2	S1	X
0	0	0	0	0
0	0	0	1	0
0	0	1	0	0
0	0	1	1	1
0	1	0	0	0
0	1	0	1	1
0	1	1	0	0
0	1	1	1	1
1	0	0	0	0
1	0	0	1	1
1	0	1	0	0
1	0	1	1	1
1	1	0	0	0
1	1	0	1	1
1	1	1	0	0
1	1	1	1	1

Wertetabelle

Bearbeite bitte den Auftrag schnellstmöglich!
Stelle bitte eine logische Schaltung her.
Ich werde heute Vormittag vorbei schauen,
um mir die Lösung anzuschauen.
Wäre super, wenn du mir diese simuliert und
auf einem Flipchart darstellen könntest.
Alles weitere klären wir dann.
Wenn wir ein günstiges Angebot
hinbekommen, wird dieses in Serie gehen
und wir haben eine Fertigungsauslastung für
einen längeren Zeitraum.

Mit freundlichen Grüßen

Rolf Janßen

Anlage IX: Aufgabenblatt I

Mechatronik Thema: Vereinfachung logischer Verknüpfungen mit KV-Diagramm		
Lernfeld 4 Klasse: BFEMA 11 Lehrer: Trinus Bußmann	Datum:	**Berufsbildende Schulen** *II* **Emden** Steinweg 25 Tel.:04921 874000 E-Mail:info@bbs2-emden.de 26721 Emden Fax:04921 874004 Internet: www.bbs2-emden.de

Aufgabenblatt I:

Arbeitsauftrag :

1. Erstellen Sie aus der Wertetabelle (siehe Kundenauftrag):
    - **disjunktive Normalform:**

X:

    - **logische Schaltung (FBD)**

Anschließend simulieren Sie das FBD mit der LOGO!Soft Comfort, um diese zu testen.

2. Stellen Sie das FBD und die disjunktive Normalform auf dem Flipchart dar.

3. Speichern Sie die Simulation auf dem Stick.

4. Machen Sie sich in der Gruppe mit den Rollen vertraut. Ein Schüler ist der Meister und ein anderer Schüler der Geselle.

Es sollten folgende Dinge abgeklärt werden.
    - Wer übernimmt den Meister (Name): ___________________________
    - Wer übernimmt den Gesellen (Name): ___________________________

Bearbeitungszeit: 30 Minuten

Anlage X: **Aufgabenblatt II**

<table>
<tr><td colspan="2">Mechatronik
Thema: Vereinfachung logischer Verknüpfungen mit KV-Diagramm</td><td colspan="2" rowspan="2">Berufsbildende Schulen II Emden

Steinweg 25   Tel.: 04921 874000   E-Mail: info@bbs2-emden.de
26721 Emden   Fax: 04921 874004   Internet: www.bbs2-emden.de</td></tr>
<tr><td>Lernfeld 4
Klasse: BFEMA 11
Lehrer: Trinus Bußmann</td><td>Datum:</td></tr>
</table>

Aufgabenblatt II:

Arbeitsauftrag :

1.   Vereinfachen Sie das Funktions-Block-Diagramm mit Hilfe des KV-Diagramms.

Benutzen Sie zur Hilfe das **Informationsblatt „KV-Diagramme"**.
Anschließend simulieren Sie das FBD mit der LOGO!Soft Comfort, um dieses zu testen.

2. Stellen Sie das **FBD** und die Funktionsgleichung auf dem Flipchart dar.

3. Speichern Sie das Ergebnis auf dem Stick ab.

4. Machen Sie sich in der Gruppe mit den Rollen vertraut. Ein Schüler ist der Meister und ein anderer Schüler der Geselle.

Es sollten folgende Dinge abgeklärt werden.
- Wer übernimmt den Meister (Name): _______________________
- Wer übernimmt den Gesellen (Name): _______________________

Zusatz (Falls die Gruppe fertig ist):

5. Um eurem Meister eine Freude zu machen, könnt ihr die Kosten ausrechnen!

Was kostet die Realisierung der logischen Verknüpfung vor und nach der Vereinfachung? Benutzten Sie hierfür das Informationsblatt über die IC-Kosten! Dieses erhalten Sie beim Lehrer!

Bearbeitungszeit: 20 Minuten

<table>
<tr><td>Mechatronik
Thema: Vereinfachung logischer Verknüpfungen mit KV-Diagramm

Lernfeld 4
Klasse: BFEMA 11
Lehrer: Trinus Bußmann</td><td>Datum:</td><td>Berufsbildende Schulen II Emden
Steinweg 25   Tel.: 04921 874000   E-Mail: info@bbs2-emden.de
26721 Emden   Fax: 04921 874004   Internet: www.bbs2-emden.de</td></tr>
</table>

Ergebnisse des Aufgabenblattes II:

KV-Diagramm:	Vereinfachte Funktionsgleichung:
(siehe Diagramm)	X:
	FBD (Funktions-Block-Diagramm)

Diagramm-Beschriftung: $\overline{S1}$, $S1$; $S2$, $\overline{S2}$; $S3$, $\overline{S3}$; $\overline{S4}$, $S4$, $\overline{S4}$

<u>Kostenberechnung</u>

<u>DNF:</u>
Folgende Grundverknüpfungen: werden benötigt:
…   AND
…   NOT
…   OR
Daraus werden folgende Bausteine benötigt:

Typ …	… Cent	… Cent	
Typ …	… Cent	… Cent	
Typ …	… Cent	… Cent	**Gesamt: ………€**

<u>Vereinfachtes FBD:</u>
Folgende Grundverknüpfungen: werden benötigt:
…   AND
…   NOT
…   OR
Daraus werden folgende Bausteine benötigt:

…	Typ …	… Cent	… Cent	
…	Typ …	… Cent	… Cent	
…	Typ …	… Cent	… Cent	**Gesamt: ………€**

Anlage XI: Informationsblatt für das KV-Diagramm

Mechatronik		
Informationsblatt: KV-Diagramm mit 4 Eingangsvariablen		*Berufsbildende Schulen* **II** *Emden*
Lernfeld 4		
Klasse: BFEMA 11	Datum:	Steinweg 25 Tel.:04921 874000 E-Mail:info@bbs2-emden.de
Lehrer: Trinus Bußmann		26721 Emden Fax:04921 874004 Internet:www.bbs2-emden.de

Die wichtigsten Regeln in Kurzform:

- Es können nur **1er-, 2er-, 4er-, 8er- oder 16er-Pakete** gebildet werden.
- Die Pakete sind immer **quadratisch** oder **rechteckig** und dürfen **nur waagerecht** oder **senkrecht** liegen, niemals jedoch diagonal.
- Möglichst kurze Formeln ergeben sich durch **möglichst wenige** und zugleich **möglichst große Pakete!**
- **Überschneidungen** der Pakete sind **zulässig und erwünscht**, wenn hierdurch die Pakete größer werden.

KV-Diagramm mit 4 Eingangsvariablen

Ein Beispiel:

Wertetabelle:

S4	S3	S2	S1	X1
0	0	0	0	1
0	0	0	1	0
0	0	1	0	0
0	0	1	1	1
0	1	0	0	0
0	1	0	1	0
0	1	1	0	0
0	1	1	1	1
1	0	0	0	1
1	0	0	1	1
1	0	1	0	0
1	0	1	1	0
1	1	0	0	1
1	1	0	1	1
1	1	1	0	0
1	1	1	1	1

KV-Diagramm

Zusammenfassung zu 2er-, 4er-, 8er- oder 16er-Blöcken (nur waagerecht oder senkrecht!)

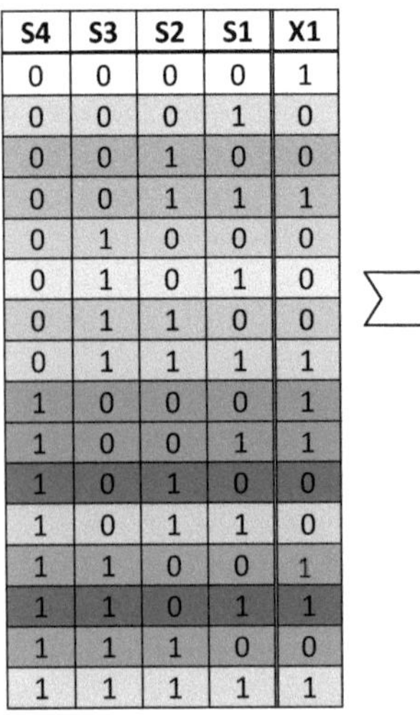

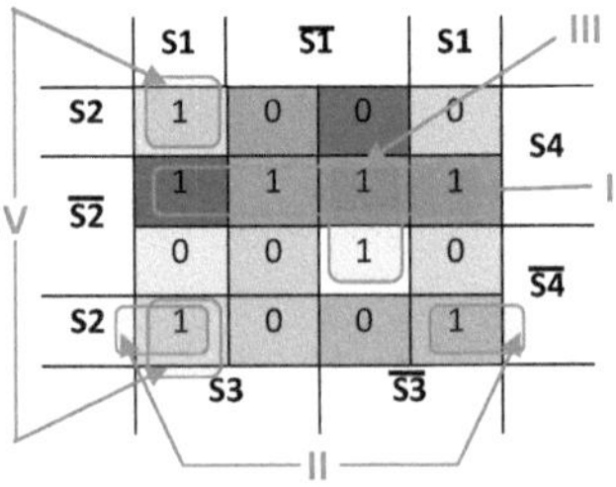

Funktionsgleichung aufstellen

→ $\quad X_I = \overline{S2} \wedge S4$

→ $\quad X_{II} = S1 \wedge S2 \wedge \overline{S4}$

→ $\quad X_{III} = \overline{S1} \wedge \overline{S2} \wedge \overline{S3}$

→ $\quad X_{IV} = S1 \wedge S2 \wedge S3$

→ $\quad X1 = X_I \vee X_{II} \vee X_{III} \vee X_{IV}$

$$X1 = \overline{S2} \wedge S4 \vee S1 \wedge S2 \wedge \overline{S4} \vee \overline{S1} \wedge \overline{S2} \wedge \overline{S3} \vee S1 \wedge S2 \wedge I3$$

Anlage XII: Informationsblatt für die IC-Kosten

Mechatronik Informationsblatt: IC-Kosten		**Berufsbildende Schulen II Emden**
Lernfeld 4 Klasse: BFEMA 11 Lehrer: Trinus Bußmann	Datum:	Steinweg 25 Tel.:04921 874000 E-Mail:info@bbs2-emden.de 26721 Emden Fax:04921 874004 Internet:www.bbs2-emden.de

Logikbausteine werden als integrierte Bausteine (IC) hergestellt. Die ICs haben 14 Beine (Anschlüsse, PINs). Zwei PINs sind zum Anschluss der Betriebsspannung. An den restlichen zwölf PINs werden die Ein- und Ausgänge angeschlossen. Die Verknüpfungen werden mit unterschiedlich vielen Eingängen und jeweils einem Ausgang hergestellt. Aus der Anzahl der Eingänge ergibt sich die mögliche Anzahl von Verknüpfungen auf einem IC. In der unteren Tabelle sind einige ICs aufgelistet. Die Preise beziehen sich auf ICs der Low Power Schottky Reihe (LS)[1] im aktuellen Katalog der Firma Reichelt[2].

Beispiel:

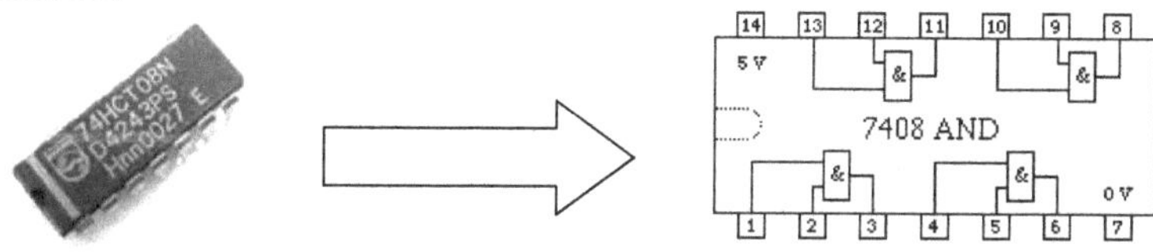

Verknüpfung	Eingänge	Anzahl der Gatter im IC	IC Typennummer	Preis pro IC in Cent
NOT	1	6	7404	27
AND	2	4	7408	33
AND	3	3	7411	24
AND	4	2	7421	32
OR	2	4	7432	32

Hinweis:

Falls ein Bauteil nicht vorhanden ist, so kann man diesen über andere Bausteine nachbilden.
Dies gilt insbesondere bei nicht genügend Eingängen an einem Baustein.
So lässt sich ein OR mit vier Eingängen mit drei OR mit je zwei Eingängen nachbilden.

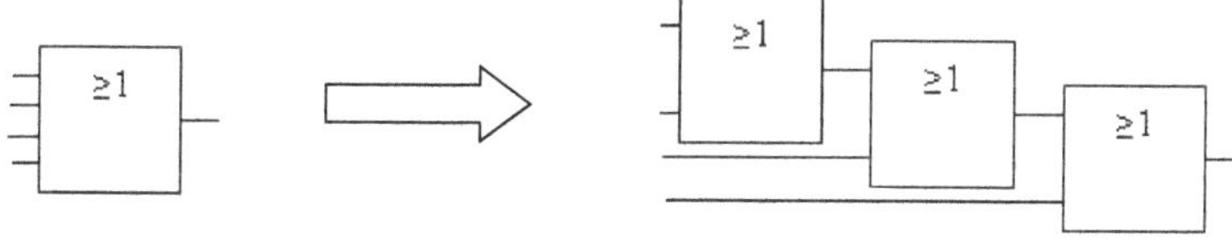

---

[1] LS ist eine Art Technologie. Alternativen sind TTL oder CMOS und andere.
[2] Reichelt ist ein Anbieter solcher Bauteile. Alternativen sind Conrad oder Farnell und andere.

Anlage XIII: Voraussichtliche Schülerlösung

Arbeitsauftrag I

Disjunktive Normalform:

$$X = (S1 \wedge S2 \wedge \overline{S3} \wedge \overline{S4}) \vee (S1 \wedge \overline{S2} \wedge S3 \wedge \overline{S4}) \vee (\overline{S1} \wedge S2 \wedge S3 \wedge \overline{S4}) \vee$$
$$(S1 \wedge \overline{S2} \wedge \overline{S3} \wedge S4) \vee (S1 \wedge S2 \wedge \overline{S3} \wedge S4) \vee (S1 \wedge \overline{S2} \wedge S3 \wedge S4) \vee (S1 \wedge S2 \wedge S3 \wedge S4)$$

FBD:

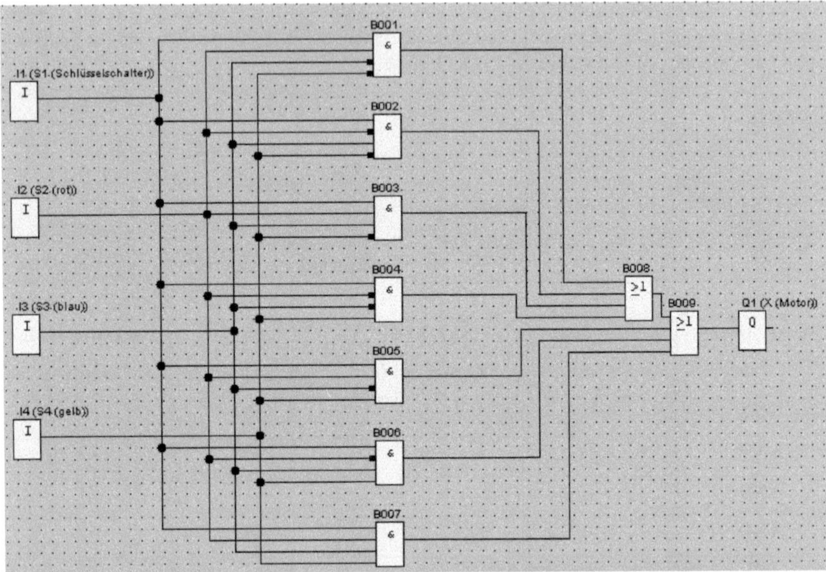

__Arbeitsauftrag II__

KV-Diagramm mit vier Eingängen:

	S1		$\overline{\text{S1}}$		
S2	1	1	0	0	$\overline{\text{S4}}$
	1	1	0	0	S4
$\overline{\text{S2}}$	1	1	0	0	
	0	1	0	0	$\overline{\text{S4}}$
	$\overline{\text{S3}}$	S3	$\overline{\text{S3}}$		

Funktionsgleichung:

$$X = (S1 \wedge S2) \vee (S1 \wedge \overline{S2} \wedge S4) \vee (S1 \wedge \overline{S2} \wedge S3)$$

FBD:

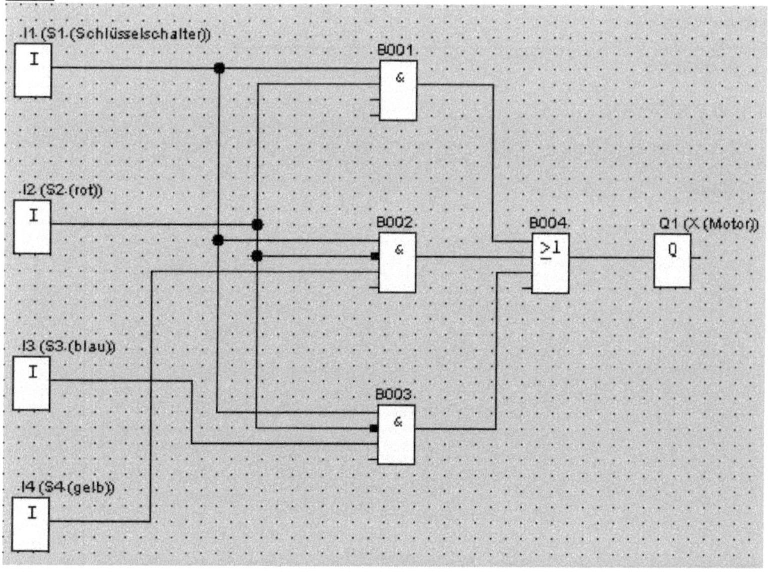

I1 (S1 (Schlüsselschalter))
I
B001
&
I2 (S2 (rot))
I
B002
&
B004
>1
Q1 (X (Motor))
Q
I3 (S3 (blau))
I
B003
&
I4 (S4 (gelb))
I

Kostenberechnung:

<u>DNF:</u>

Folgende Grundverknüpfungen: werden benötigt:

7	AND	(4 Eingänge)	
9	NOT		
2	OR (6 Eingänge) (nachzubilden mit 5 x OR mit 2 Eingängen)		

Daraus werden folgende Bausteine benötigt:

3	Typ	7421	32 Cent	96 Cent	
2	Typ	7404	27 Cent	54 Cent	
2	Typ	7432	32 Cent	64 Cent	**Gesamt: 2,14 €**

<u>Vereinfachtes FBD:</u>

Folgende Grundverknüpfungen: werden benötigt:

3	AND	(3 Eingänge)	
2	NOT		
1	OR (3 Eingänge) (nachzubilden mit 2 x OR mit 2 Eingängen)		

Daraus werden folgende Bausteine benötigt:

1	Typ	7411	24 Cent	24 Cent	
1	Typ	7404	27 Cent	27 Cent	
1	Typ	7432	32 Cent	32 Cent	**Gesamt: 0,83 €**

Anlage XIV: Arbeitsschritte zur Lösung des Kundenauftrages

- Disjunktive Normalform

- Logische Schaltung (FBD)

- Simulation

- Ergebnis präsentieren

- KV-Diagramm

- Funktionsgleichung

- Neue logische Schaltung (FBD)

- Simulation

- Ergebnis präsentieren

Anlage XV: Rollenspielinformationen

<u>Rollenspiel I:</u>

Rollenspielinformationen Meister:

- Ihr kennt euch schon lange (freundlich sein - Geselle heißt Helmut)
- Beim Kaffee gemütliche Atmosphäre
- Großes Projekt an der Angel
- Dem Gesellen noch einmal erzählen, was er zu tun hat. *Du hattest ja den Kundenauftrag ...*
- Das Produkt soll in Serie gehen
- Zur Zeit muss überall eingespart werden (Hallenausbau)
- Wenn du die Schaltung gesehen hast, stutzt du (So viele Bauteile – was das kostet!)
- Gesellen fragen, ob eingespart werden kann
- Fragen wie lange er für die Vereinfachung braucht und dann Termin vereinbaren

Rollenspielinformationen Geselle:

- Ihr kennt euch schon lange (freundlich sein - Meister heißt Rolf)
- Beim Kaffee gemütliche Atmosphäre
- Du stellst das Projekt an der Simulation vor und hast es auf dem Flipchart nochmal dargestellt
- Du präsentierst es, indem kurz erzählt wird, wie vorgegangen wurde und dann die Wertetabelle einmal simulieren
- Wenn der Chef verzweifelt, erzählst du ihm, dass die Schaltung noch vereinfacht werden kann und dadurch Gatter eingespart werden können
- Termin vereinbaren

<u>Rollenspiel II:</u>

Rollenspielinformationen Meister:

- Begrüßen
- Fragen ob alles geklappt hat und wie der Geselle das gemacht hat. *Wir hatten ja den Auftrag und der wurde zu teuer. Deswegen solltest du den ja vereinfachen ....*
- Bitten um den Funktionsabgleich
- Leistung wertschätzen vom Gesellen und Bedanken
- Ich werd dann alles weitere mit der Firma besprechen

Rollenspielinformationen Geselle:

- Begrüßen
- Geselle stellt das vereinfachte FBD da und erklärt am Flipchart, wie er es gemacht hat
- Funktion zeigen an der Simulation
- Kostenrechnung bei Bedarf zeigen, damit der Meister zufrieden ist.